U0155674

手绘星球
全景图鉴

进入太空深处

[英]安妮塔·加纳利 [英]凯特·佩蒂◎著 [英]杰克·伍德◎绘 杨文娟◎译

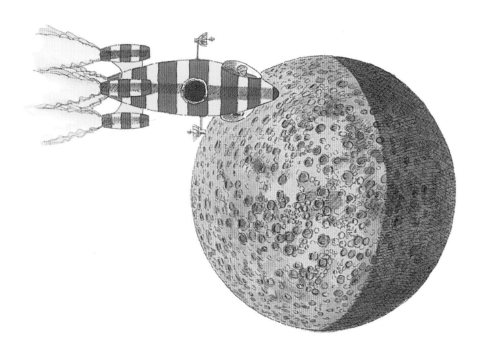

哈尔滨出版社
H.P.H
HARBIN PUBLISHING HOUSE

黑版贸审字 08-2020-037 号

图书在版编目（CIP）数据

进入太空深处 /(英) 安妮塔·加纳利,(英) 凯特·佩蒂著 ;(英) 杰克·伍德绘 ; 杨文娟译. — 哈尔滨: 哈尔滨出版社,2020.11
（手绘星球全景图鉴）
ISBN 978-7-5484-5439-7

Ⅰ.①进… Ⅱ.①安…②凯…③杰…④杨… Ⅲ.①外太空 – 儿童读物 Ⅳ.①V11–49

中国版本图书馆CIP数据核字(2020)第141860号

Around and About into Space
First published by Aladdin Books Ltd in 1993
Text copyright © Anita Ganeri, 1993 and illustrated copyright © Jakki Wood, 1993
Copyright©Aladdin Books Ltd., 1993
An Aladdin Book
Designed and directed by Aladdin Books Ltd.
PO Box 53987, London SW15 2SF, England
All rights reserved.
本书中文简体版权归属于北京童立方文化品牌管理有限公司。

书　　名：手绘星球全景图鉴. 进入太空深处
SHOUHUI XINGQIU QUANJING TUJIAN. JINRU TAIKONG SHENG

作　　者：[英]安妮塔·加纳利　[英]凯特·佩蒂 著　[英]杰克·伍德 绘　杨文娟 译
责任编辑：杨浥新　赵　芳　　责任审校：李　战
特约编辑：李静怡　　　　　　　美术设计：官　兰

出版发行：哈尔滨出版社（Harbin Publishing House）
社　　址：哈尔滨市松北区世坤路738号9号楼　邮编：150028
经　　销：全国新华书店
印　　刷：深圳市彩美印刷有限公司
网　　址：www.hrbcbs.com　　www.mifengniao.com
E-mail：hrbcbs@yeah.net
编辑版权热线：（0451）87900271　87900272
销售热线：（0451）87900202　87900203

开　　本：889mm×1194mm　1/16　印张：14　字数：70千字
版　　次：2020年11月第1版
印　　次：2020年11月第1次印刷
书　　号：ISBN 978-7-5484-5439-7
定　　价：124.00元（全7册）

凡购本社图书发现印装错误，请与本社印制部联系调换。
服务热线：（0451）87900278

目 录

这是地球

一天晚上，哈里和拉夫正通过望远镜观测星星。他们想要深入了解外太空的奥秘。

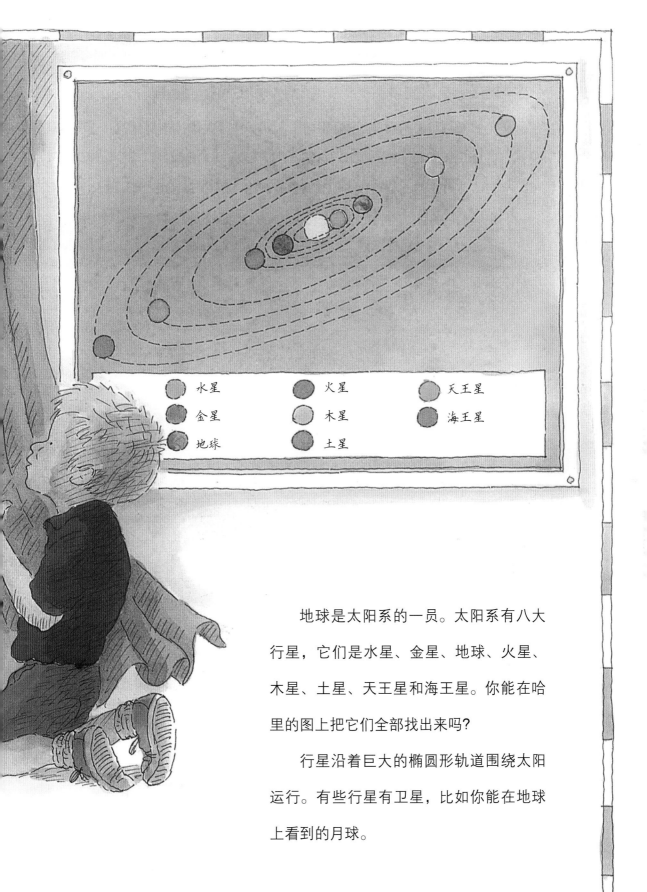

水星　　　火星　　　天王星
金星　　　木星　　　海王星
地球　　　土星

地球是太阳系的一员。太阳系有八大行星，它们是水星、金星、地球、火星、木星、土星、天王星和海王星。你能在哈里的图上把它们全部找出来吗？

行星沿着巨大的椭圆形轨道围绕太阳运行。有些行星有卫星，比如你能在地球上看到的月球。

起 飞！

哈里和拉夫通常乘坐热气球旅行，不过这一次他们需要一艘宇宙飞船。他们在座位上坐稳，系好安全带。接着，5……4……3……2……1，起飞！

宇宙飞船大概飞了十分钟就进入了太空。它必须飞得很快很快，不然，地球的引力会把它拉回地面。

引力是一种看不见的力，它能把物体拉向地球。把一个球抛到空中会发生什么？引力会把那个球拉回地面。

太空中极其黑暗寒冷，也很安静，因为没有空气把声音传播到别处。

哈里和拉夫可以在宇宙飞船里飘起来，这是因为在太空中地球的引力减弱了很多。

9

月球任务

他们旅程的第一站是月球。哈里和拉夫穿上了太空服。月球上没有空气，太空服会让他们保持体温，并给他们提供空气来呼吸。

哈里和拉夫在月球的表面跳动。他们可以在月球上空看见地球。在月球上，他们感觉身体轻了很多，那是因为这里的引力没有地球那么强。

看这些脚印！有人抢先我们一步了！

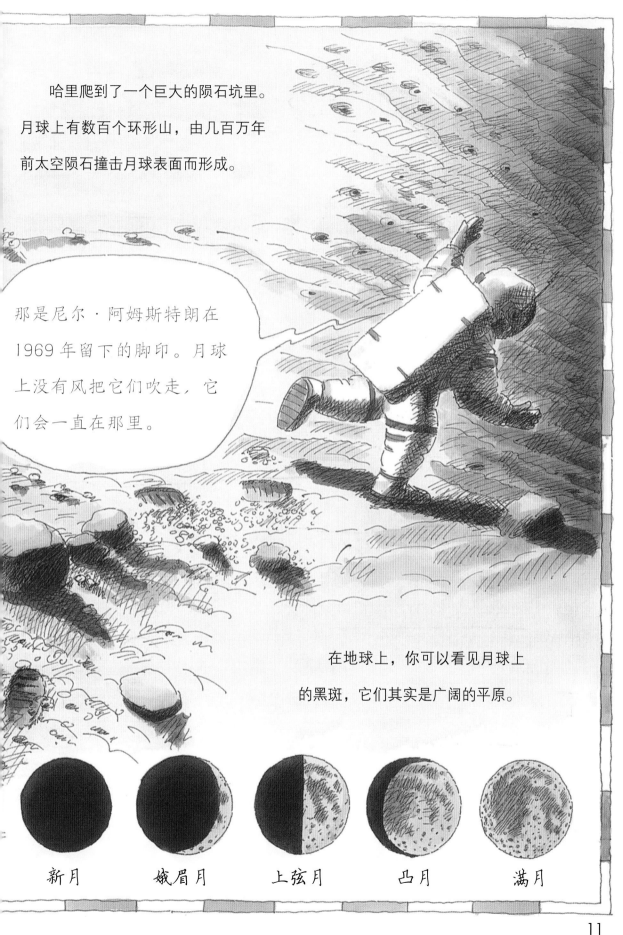

哈里爬到了一个巨大的陨石坑里。
月球上有数百个环形山，由几百万年
前太空陨石撞击月球表面而形成。

那是尼尔·阿姆斯特朗在
1969 年留下的脚印。月球
上没有风把它们吹走，它
们会一直在那里。

在地球上，你可以看见月球上
的黑斑，它们其实是广阔的平原。

| 新月 | 娥眉月 | 上弦月 | 凸月 | 满月 |

变　暖

　　哈里和拉夫朝着太阳飞去。太阳太热，他们不能靠得太近，不然他们的宇宙飞船会熔化。

　　太阳是一颗位于太阳系中央的恒星。尽管太空中有数百万颗其他恒星，可对于地球上的生命来说，太阳才是最重要的一颗。与地球相比，太阳很庞大。地球上所有的光和热都来自太阳。没有太阳，地球将会十分黑暗冰冷，任何生命都无法存活。

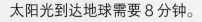

　　太阳光到达地球需要8分钟。

　　永远不要直视太阳，那会使你的眼睛受到严重的损伤。

水星和金星

哈里和拉夫乘坐宇宙飞船掉头离开了太阳。他们想要探索水星和金星，比起地球，这两颗行星距离太阳更近。

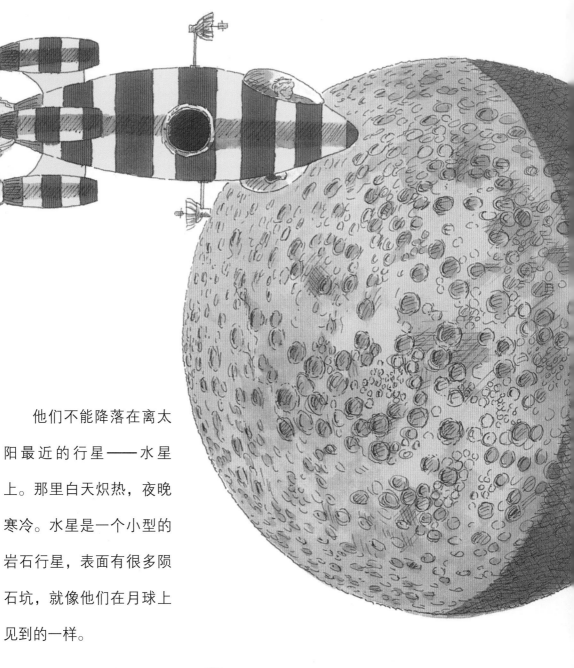

他们不能降落在离太阳最近的行星——水星上。那里白天炽热，夜晚寒冷。水星是一个小型的岩石行星，表面有很多陨石坑，就像他们在月球上见到的一样。

金星是一个与水星截然不同的行星。有毒气体形成厚厚的云层，遮蔽了金星干燥的岩石表面。云层阻挡了热量传播，使得金星表面温度过高，不适合着陆。在所有行星中，金星是最明亮的。

火星上有生命？

火星也被称为"红色行星"，因为它有着红色的岩石表面和粉色的天空。哈里和拉夫听过很多有关火星人的故事，不过他们在火星上没看到生命的迹象。

火星的南极和北极有很多冰，不过其他大部分地区则是干燥多尘的。曾经有河流流经火星表面，不过它们几百万年前就干涸了。

他们还探索了一个巨大的峡谷，名叫水手峡谷。它比地球上任何峡谷都大。

从它的一端走到另一端要花一个多月的时间，哈里和拉夫可不想尝试！

他们看见一座巨大的火山。它的高度差不多是地球上的珠穆朗玛峰的三倍。

我希望它不会喷发。想象一下，轰隆声会有多响！

别担心，它上次喷发是一千多万年前的事了！

木星和土星

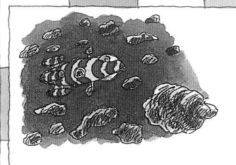

从火星去往木星的路上，哈里和拉夫飞过了成千上万块岩石和金属物质。这些都是小行星。它们有的比足球还小，有的有一个国家那么大。

哈里和拉夫不能降落在木星和土星上。这两个行星都是由气体和液体组成的。它们没有可供行走的固体地面。

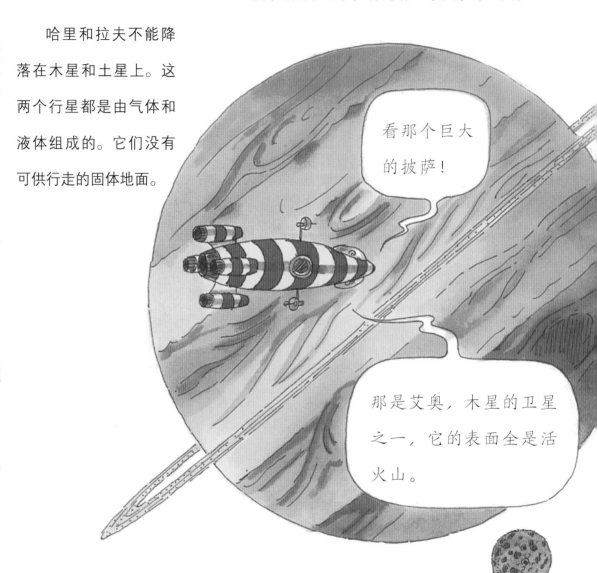

看那个巨大的披萨！

那是艾奥，木星的卫星之一，它的表面全是活火山。

木星是太阳系中最大的行星，它的直径是地球的 11 倍。它的云层中有一块大红斑，那其实是一团巨大的风暴。

土星有一圈闪亮的光环，看上去很美丽。它们是由围绕土星旋转的数百万颗冰晶微粒组成的。

地球只有一颗卫星，不过木星已知有 79 颗卫星，土星已知至少有 82 颗卫星。

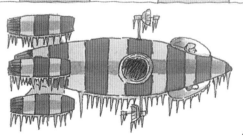

外行星

哈里和拉夫继续飞行，准备前往太阳系的最后两颗行星。它们离太阳非常远，所以气温很低。

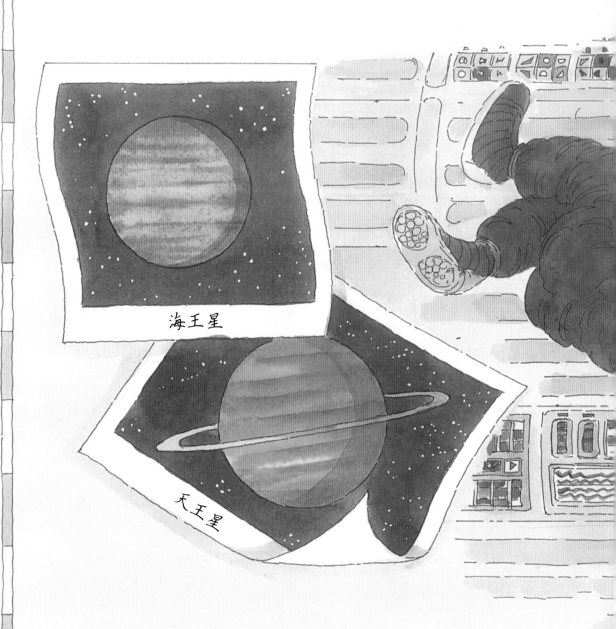

海王星

天王星

天王星和海王星属于气态行星。气体使得它们看上去呈绿色和蓝色。

它们周围也有光环或卫星。天王星已知有 27 颗卫星，海王星已知有 14 颗。

你在找什么，拉夫？

当然是第八颗行星了！

追逐恒星

哈里和拉夫已经了解过恒星太阳。不过，太空中还有数百万颗其他恒星。没有人能说出准确的数目。

恒星是由发光的炽热气体构成的巨大圆球，气体发出热量和光，让它们看上去很耀眼。行星本身不会发光，它们通过反射恒星的光而闪亮。

太阳是距离地球最近的恒星，有 1.5 亿千米远。离地球第二近的恒星是比邻星，它距地球的距离比太阳远得多。我们现在看到的比邻星发出的光其实是在四年多前发出的！

在晚上找一找星星组成的图案。

你能找到天狼星和猎户座吗？

银河系

星系是由无数恒星和星际物质组成的天体系统。我们的太阳和太阳系只是一个叫作银河系的星系中很小的一部分。

银河系有 2000 多亿颗恒星，而宇宙中有 1000 多亿个星系。

原来，太阳系只是银河系中的一个点……

……而且银河系只是宇宙中数以亿计的星系中的一个。

地球上很难看清银河系的形状，不过哈里和拉夫已经飞到了银河系上方。从这儿，他们可以看到，银河系是一个由恒星组成的旋涡。

太阳系

前方的彗星

哈里和拉夫飞回地球的途中，看到了一颗飞速掠过太阳的彗星。彗星是由冰、尘埃和气体组成的球体。当彗星离太阳越来越近时，尘埃和气体会蒸发，形成一条闪光的长尾巴。

一颗彗星的长尾巴足以绕地球 8000 圈以上。

我的尾巴长度
只够绕我一圈。

流星看起来有点像小彗星。它们是小
块宇宙尘埃在空中坠落时，燃烧产生的光
迹。有时你可以看到一场流星雨。

安全着陆

哈里和拉夫该在地球降落了。经历了一场漫长的旅行，他们安全着陆了。

他们回想着自己见到的所有恒星和行星，对其他行星上的生命也很好奇。他们的旅程中没有遇见任何外星人，不过宇宙如此广阔，某个地方一定有其他生命存在。

哈里和拉夫在他们的太空剪贴本上画下一些星座，并写上它们的名字。下一步，他们想查查那些星座是如何得名的。

索　引